筑境

中国精致建筑100

# 平湖莫氏庄园

宣建华 谢炳华 王维军 撰文/宣建华 摄影

中国建筑工业出版社

# 出版说明

中国是一个地大物博、历史悠久的文明古国。自历史的脚步迈入新世纪大门以来，她越来越成为世人瞩目的焦点，正不断向世人绽放她历史上曾具有的魅力和光辉异彩。当代中国的经济腾飞、古代中国的文化瑰宝，都已成了世人热衷研究和深入了解的课题。

作为国家级科技出版单位——中国建筑工业出版社60年来始终以弘扬和传承中华民族优秀的建筑文化，推动和传播中国建筑技术进步与发展，向世界介绍和展示中国从古至今的建设成就为己任，并用行动践行着“弘扬中华文化，增强中华文化国际影响力”的使命。从20世纪80年代开始，中国建筑工业出版社就非常重视与海内外同仁进行建筑文化交流与合作，并策划、组织编撰、出版了一系列反映我中华传统建筑风貌的学术画册和学术著作，并在海内外产生了重大影响。

“中国精致建筑100”是中国建筑工业出版社与台湾锦绣出版事业股份有限公司策划，由中国建筑工业出版社组织国内百余位专家学者和摄影专家不惮繁杂，对遍布全国有历史意义的、有代表性的传统建筑进行认真考察和潜心研究，并按建筑思想、建筑元素、宫殿建筑、礼制建筑、宗教建筑、古城镇、古村落、民居建筑、陵墓建筑、园林建筑、书院与会馆等建筑专题与类别，历经数年系统科学地梳理、编撰而成。本套图书按专题分册，就其历史背景、建筑风格、建筑特征、建筑文化，结合精美图照和线图撰写。全套100册、文约200万字、图照6000余幅。

这套图书内容精练、文字通俗、图文并茂、设计考究，是适合海内外读者轻松阅读、便于携带的专业与文化并蓄的普及性读物。目的是让更多的热爱中华文化的人，更全面地欣赏和认识中国传统建筑特有的丰姿、独特的设计手法、精湛的建造技艺，及其绝妙的细部处理，并为世界建筑界记录下可资回味的建筑文化遗产，为海内外读者打开一扇建筑知识和艺术的大门。

这套图书将以中、英文两种文版推出，可供广大中外古建筑之研究者、爱好者、旅游者阅读和珍藏。

# 目录

# 平湖莫氏庄园

位于浙江省平湖市城关镇的莫氏庄园，始建于清光绪二十三年（1897年）。全园占地4800多平方米，坐北朝南，沿街临河，建筑群纵深四进，整体布局紧凑，构筑精美，雕饰华丽，高低按序，错落有致，小巧雅致，富于诗情画意，是一座具有典型江南民居风格，功能完备的宅第。

# 一、沧桑百年宅

莫氏庄园，位于浙江省平湖市城关镇南河头，始建于清光绪二十三年（1897年）。首任庄主为莫放梅。考其源流，莫放梅（1856—1915年）名兆熊，号公复，以字行，原籍福建兴化，七世祖莫天奇于清初“由闽中迁往邑之乍浦镇，遂为浙江之平湖县人”（《平湖莫氏支谱》）。莫放梅之父莫琴楼在上海、乍浦经营木业，并直接由沪闽海运，牟取巨利，家产日渐殷富。莫放梅幼承庭训，热衷仕途。成年后放弃举业，辅佐父亲，经营理财。光绪五年（1879年）后，他在平湖、金山、嘉善、杭州等地广置良田6100余亩，遂以佃业为主，每年租米2600余石。光绪十六年，在平湖城内鸣珂里（今名南河头）鸣喜圩购进8户民房地产。二十三年至二十五年（1897—1899年），便在此地基上大兴土木，从福州等地雇来能工巧匠，躬亲督造民宅群体，耗银10万两之巨。建筑群纵深四进，整体布局紧凑，小巧玲珑，既严格又灵活地按中轴线及东西轴三组排列。中

图1-1 宅前河道

与许多江南城市一样，平湖也是水道纵横，堪称鱼米之乡。人们的住宅往往与水有着密切的关系，“前街后河”是一种非常典型的建筑布局方式，随之具有两套交通方式。在没有汽车的情况下，河道交通之便捷更在街道之上。莫氏庄园的正门面对的就是一条河。

**图1-2 隔河相望主入口及河埠头**

隔河可清晰地看见主入口与河的关系。河埠头至关重要，它与大门一起成为主人的脸面。莫氏庄园的河埠头与大门成轴线对称布置，端庄而堂皇。两边的夹墙明确地将莫氏庄园与边上的居民区分开来。

图1-3 主入口前步行道及夹墙

块石铺就的步行道保留完好，它是从陆路进入主入口的通道。

图1-4 西南角围墙及过街楼

莫氏庄园的四周有高高的围墙，或在其顶有瓦叠的花饰，或在其上开景窗。这是西南角的围墙与过街楼。围墙与其他民宅之间有夹弄相隔。

轴线上的主体建筑有轿厅、正厅、将军亭、堂楼厅、旱船等；东轴线上的单座建筑有墙门、祠堂、账房、花厅、佛堂、厨房等；西轴线有书房、花园等。每座建筑以墙相隔，构成庭院，形成多个独立使用的天地。然后，以廊、弄等附属建筑把它们连通起来，组成一座功能完备的宅第。总观庄园全貌，构筑精美，雕饰华丽，高低按序错落有致，真可谓“参差荇菜，左右流之”。庄园建成两年后，莫放梅捐买了“江苏直隶州知州三品衔二品封典”的顶戴花翎。并于门厅设置了“肃静”、“回避”之类硬牌执事，显其威严与地位。庄园至此成为当湖镇（今名城关镇）上首屈一指、财势俱盛的显赫门第。“锦屋华堂胭脂椅，绿园红楼琼绣阁”即为其真实的写照。

1916年，即莫放梅病故后一年，莫葛氏湘尹主持家政，立《丙辰十一月合同拨据》，规定其四子（文堪孟韬、文熏仲陶、文均叔夷、文圻季萍）分产（田产、商产等）自立，唯“鸣珂里住屋一所……此刻统作公用”，不予分割。1925年（乙丑年七月），四房莫季萍在庄园“东首空地三分五厘”上启造“邛庐”住宅三幢，花银近四千两（见嘉兴朱森记《造价细账单》）。此建筑自成一体，即现在作办公用的“东三楼”。因此，自分家至1949年前的30多年间，莫氏庄园虽经历几度战乱动荡的政局更迭，但由于莫氏家族同执政当局始终保持着密切交往，故整座房屋没有遭受人为的损坏和拆改，保持了原貌。例如，民国初，在正厅曾办过“励志社”、“诗钟会”，政府要员、

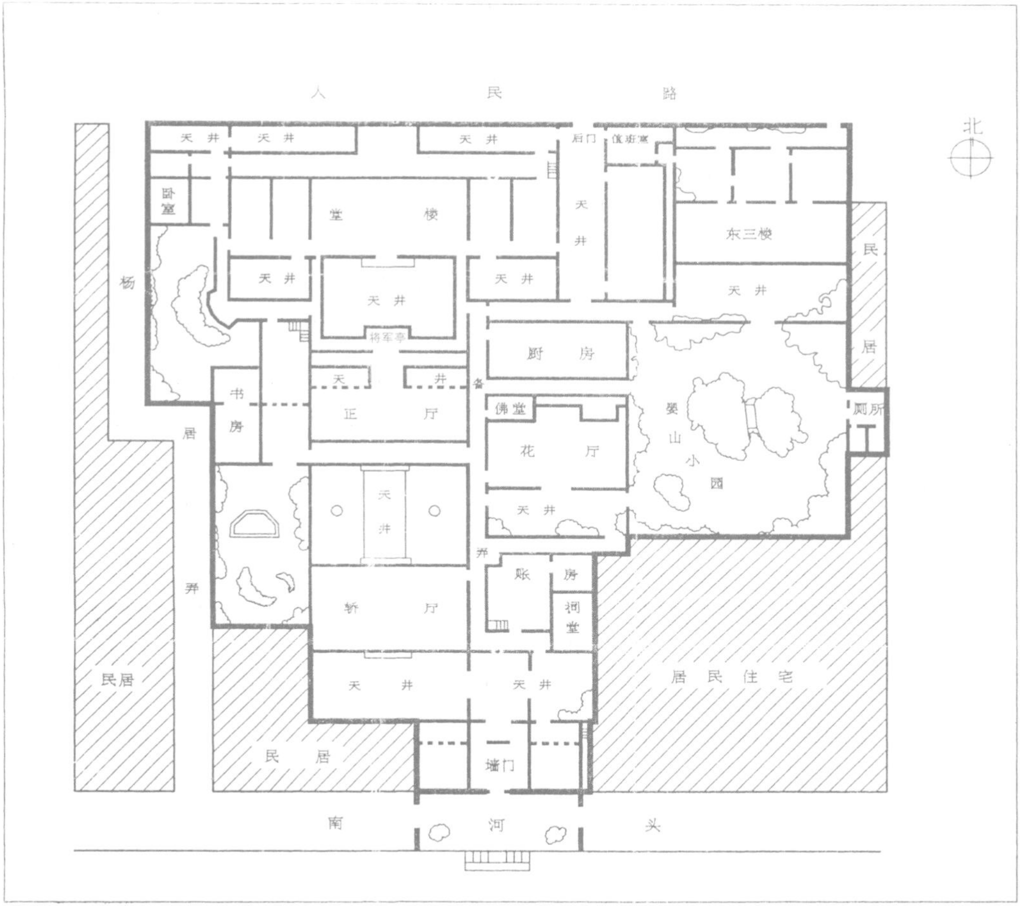


图1-5 莫氏庄园平面示意图

骚人墨客常来常往，热闹非凡。八年沦陷时期，在花厅曾开过“横山洋行”，日本商人常出入其间。还在账房成立“佃业协进会”属下的“联合租栈”，联合平湖50多家大小地主，下乡武装收租，如此等等。

1949年以后，庄园为驻平湖部队机关所用。1963年7月，建立了莫氏庄园陈列馆，名副其实地成为“非古董品的墓葬地，乃活思想的育种场”（歌德语），自开放迄今已接待海内外观众百余万人次，在社会上享有一定的知名度，成了立体的“百科全书”、实物的“图书馆”。1989年12月12日列为省级重点文物保护单位。近些年更因其完整的面貌而成为影视拍摄的乐园，从而成为有效保护和合理利用的典范。

# 二、捐官耀门楣

莫氏庄园占地4800多平方米，有木构房屋70余间，面积达2600多平方米，周垣以6米多高的围墙，其整体布局紧凑，为典型的江南民居。全园坐北朝南，沿街临河，有东、中、西三个纵轴线，前后四进院落。属较大型的民间宅第。庄园建成两年后，即1901年，莫放梅“遵例入资”捐买了“江苏候补直隶州知州三品衔，覃恩二品封典”的顶戴花翎，诰授通议大夫，晋封通奉大夫。由此民宅变成了“官宅”。

据史载，捐官之风由来已久，早在秦汉就有纳粟拜爵之规定，延至清代此风大盛。鲁迅先生在《各种捐班》中就有生动的描述：“清朝的中叶，要做官可以捐，叫做‘捐班’的便

图2-1 大门局部

门厅为三开间，当中一间为明间，面宽一丈三尺，是莫氏主人及贵宾出入之所。明间门共六扇，黑漆实榻大门，厚两寸，每扇置门钉纵140路，横16路；枋上置平身科斗栱，屋脊堆以彩塑丹凤朝阳，气度不凡。

图2-2 大门前小空间一角/上图

由夹墙围成的小空间具有很强的私密性和领域感，在某种程度上隔断了河道空间的连续性，这一般是大户人家的常用处理手法。

图2-3 大门内仪仗牌/下图

门厅室内空间高敞，两旁列有高照一对，十二块仪仗牌列两排，上书“肃静”、“回避”、“赏戴花翎”、“钦加三品衔”、“候补江苏直隶州知州”等，显示了莫放梅三品官的身份，使端庄的门厅平添了几分威严。

图2-4 大门内之屏门
蓝漆屏门位于门厅北面居中，挡住了内望之视线，屏门上书“积善之家必有余庆，博施济众定裕后昆”。

是一伙。”捐官要经过候选和候补两个阶段，捐官者到吏部办理各种手续，准许登记者，便为取得候选资格。吏部再用抽签的方法决定将候选官员分发到某部、某省，听候委用，叫候补，之后才有补缺的机会。莫放梅就是经历了候选、候补直至听候委用而被衔以候补江苏直隶州知州，但这个官级只是一种头衔，一种资格，一种炫耀的资本，并不代表着他拥有三品官和知州的权力。但对于有财而缺势的莫家来说已经足够了。

庄园的大门布置在东南角，符合坎宅巽门的吉位。门厅为三开间，当中一间为明间，面宽一丈三尺，乃莫氏主人及贵客出入之所。六

图2-5 转过屏门望仪门/左图

转过屏门，折而向西，迎面一座精雕细刻的水磨砖雕门楼——仪门，也称塞门、腰门。

图2-6 仪门全姿/右图

仪门门扇为黑漆楠木实榻门，逾千斤。门前一对抱鼓石，鼓心有游龙戏珠浮雕，基座为青石须弥座。两尺高的门槛则暗示了莫家的显赫。正面门罩上阳刻字匾“德正应和”，显示了君子以德为本的儒家文化精神。

图2-7 仪门正面细部/上图

仪门正面门罩上阳刻“德正应和”，两侧箍头上有“四蝠捧寿”图案，上枋居中福禄寿三星人物透雕、梅兰竹菊空雕挂落。

图2-8 通过仪门看轿厅/下图

过了仪门，便是前院。中轴线上的第一进建筑便是轿厅，也称茶厅，是莫氏家族迎送宾客、停轿备茶的地方。

图2-9 轿厅前庭回望仪门

前院扁长，仪门之外为高墙，仪门之背面雕饰精美，轮廓分明。
透过仪门，还可看到通往祠堂等建筑的左路轴线的月亮门。

图2-10 轿厅中之绿呢大轿
莫氏捐官后，轿厅中增放了象征权力和地位的绿呢官轿。据《清会典》记载，三品以上官员可坐绿呢大轿，其外罩鹦鹉绿呢，四面置纱窗，悬珠穗，前后有湖蓝凉棚，在京轿夫四人，出京准用八人。莫氏虽只是候补官，仍可按官制。

扇黑漆的实榻大门厚2寸，每扇置门钉纵140路，横16路。枋上置平身科斗栱，屋脊堆以彩塑丹凤朝阳，气度着实不凡。门厅左右两间则是常人进出的地方，并作莫家门房。跨入门厅明间，但见室内空间高敞，两旁列有高照一对，十二块仪仗牌分两排而列，上书“肃静”、“回避”、“赏戴花翎”、“钦加三品衔”、“候补江苏直隶州知州”，这些都显示了莫放梅三品官的身份，使端庄的大门平添了许多威严的感觉。门厅北面居中是两扇蓝漆屏门，上书“积善之家必有余庆，博施济众定裕后昆”，可挡住内望之视线，其欲扬先抑之手法为展示后几进建筑留下了伏笔。

图2-11 轿厅内回望照壁

照壁乃中轴线的起点，黑瓦白墙，正中书写“鸿禧”两字。照壁古时称屏或树，也称影壁或萧墙。《论语·季氏》有曰：“吾恐季孙之忧，不在颛臾，而在萧墙之内。”何晏集解引郑玄曰：“萧之言肃也；墙谓屏也。君臣相见之礼，至屏而加肃敬焉，是以谓之萧墙。”

图2-12 自轿厅望正厅/前页
穿过轿厅，便到庄园正厅"春晖堂"。正厅是整座庄园的主体建筑，高大宽敞，朝向西南，与大门一致。《释名》云："厅，所以听事也"、"堂者当也，谓当正向阳之屋"。

图2-13 正厅内景
春晖堂广为三间，深十一架，彻上露明造，枋上置平身科斗栱。按旧制庶民宅第不过三间五架，不用斗栱，不饰彩色。莫氏正厅架数之多，在民居中较为少见。作为主人议事、典礼、宴庆等重要的活动场所，厅内陈设布置极具法度，以满足宗法礼制的需要。整堂家具皆以上品紫檀木精制而成。

过门厅，折而向西，迎面一座精雕细刻的水磨砖雕门楼——"仪门"。仪门也称塞门、腰门。门为两扇黑漆的楠木实榻门，逾千斤。门前一对抱鼓石，鼓心有游龙戏珠浮雕，基为青石须弥座。两尺高的门槛则暗示着莫家的显赫。左面门罩上阳刻字匾"德正应和"，显示了君子以德为本的儒家文化精神。两侧箍头上的"四蝠捧寿"图案，上枋居中福禄寿三星人物透雕、梅兰竹菊空雕挂落，这些都为整个建筑增添了许多传统文化的气息。右面门罩上"金镂垂基"字匾寓意深刻，箍头上镂空雕刻取材于刘、关、张桃园三结义，关羽挂印封金，人物呼之欲出。字匾上方，阳雕扇子、渔鼓、花篮、葫芦、阴阳板、宝剑、笛子、荷花，暗示道教人物汉钟离、张果老、蓝采和、铁拐李、曹国舅、吕洞宾、韩湘子、何仙姑八位仙人，俗称暗八仙，以示神仙降临，喜庆吉祥。下枋所雕鲤鱼跳龙门更是栩栩如生，既象征登科之喜，又点出了"鱼跃龙门，过而为龙"的典故。

图2-14 自正厅回望轿厅

正厅前庭方正宽敞，有乔木三两株，轿厅背面挂落隔扇制作精美，两边院墙上部画有彩画。透过轿厅还可见到照壁。坐在正厅中可洞穿诸门，颇有我心端正，堂堂正正之感。

**图2-15 正厅前廊**/上图

前廊高敞，可使更多阳光照入正厅。作为正厅的门面，其柱枋规正，用材考究，轩梁充满雕刻，挂落富有变化。隔扇门同样高大，其夹堂和裙板上刻有蝙蝠、仙鹿、寿字、牡丹等图案，寓意福禄寿富贵。

**图2-16 正厅前廊轩细部**/下图

与大多江南民宅一样，前廊往往精雕细刻。富于雕饰的帽儿梁、月梁与简素的檐椽、顶椽和望砖形成对比效果。所雕之物多有寓意。

**图2-17 正厅内匾额**/上图

正厅上方“春晖堂”匾额，系董其昌手迹。其下居中为一幅绘有福、禄、寿三星的八尺中堂。两侧挂有两副对联“五伦之中自有乐趣，六经以外别无文章”、“志行勤修敬仰传为世德，人伦瞻仰勋爵命于朝廷”。

**图2-18 正厅后门将军亭**/下图

将军亭作为正厅后门，也是正厅和后楼的分界点。此亭其实是半亭，紧贴正厅后墙，两侧有廊与后堂连通。后堂后楼乃家庭女眷生活之处，一般男丁及外人不得入内。

过了仪门，便入前院。院中面北的黑瓦白墙便是中轴之照壁，上书“鸿禧”两字。中轴线上的首进建筑轿厅，亦称茶厅；是莫氏家族迎送宾客、停轿备茶的地方。莫氏捐官后，这里除了摆放园主平时坐的便轿，又增添了一顶象征其权力和地位的绿呢官轿。据《清会典》记载，三品以上官员坐外罩鹦鹉绿呢、四面置纱窗，悬珠穗，前后有湖蓝凉篷的绿呢大轿，四品以下官员则坐蓝呢轿。莫放梅虽只是候补官，但按官制仍可穿官服，坐官轿。每逢重大典庆，莫老爷身着绣有九蟒五爪和孔雀补子的官服，头戴蓝宝石顶的官帽，坐着绿呢大轿，前面鸣十三棒锣开道，“肃静”、“回避”等仪仗簇拥，煞是威风。



图2-19 轿厅正立面图

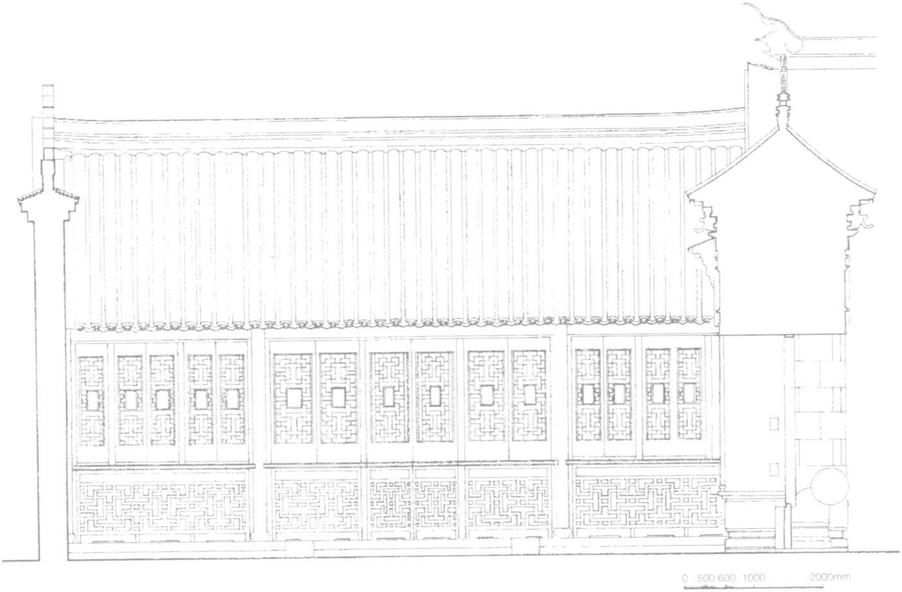

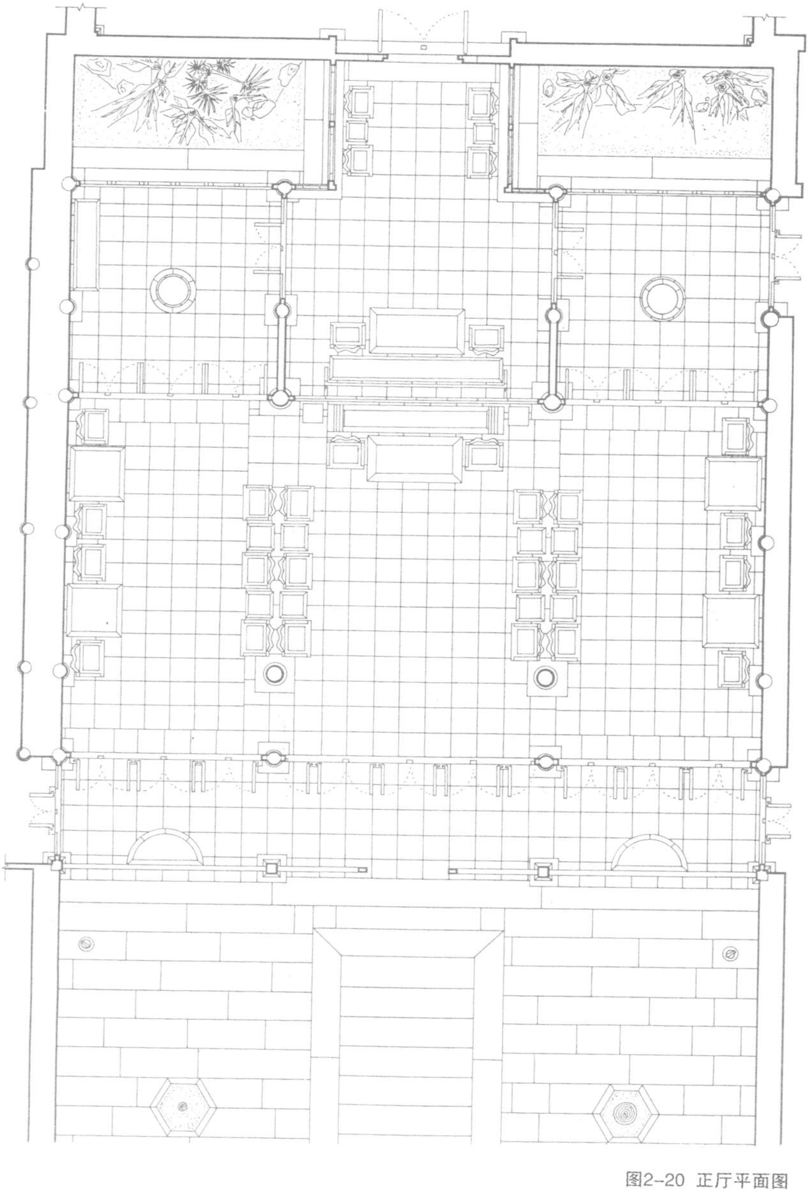

图2-20 正厅平面图

穿过轿厅，便进入庄园正厅“春晖堂”。正厅是整座庄园的主体建筑，高敞宽大，朝向西南，与大门方向一致。春晖堂广三间，深十二架，彻上露明造。明间面宽一丈四尺八寸，次间面宽一丈一尺六寸，通面宽三丈八寸，枋上置平身科斗栱。按旧制，“庶民庐舍不过三间五架，不许用斗栱，饰彩色”，作为民居建筑的莫氏正厅架数之多，实为少见。春晖堂是主人议事、典礼、宴庆举行重要活动的场所，也是莫氏家族仪式化礼教活动的中心。因此，厅堂内陈设极具法度，以满足宗法礼制的需要。居中为一幅绘有福、禄、寿三星的八尺中堂，两侧挂对联：“五伦之中自有乐趣，六经以外别无文章”；“志行勤修敬仰传为世德，人伦瞻仰勋爵命于朝廷”两幅字对，正上

图2-21 正厅纵剖面图

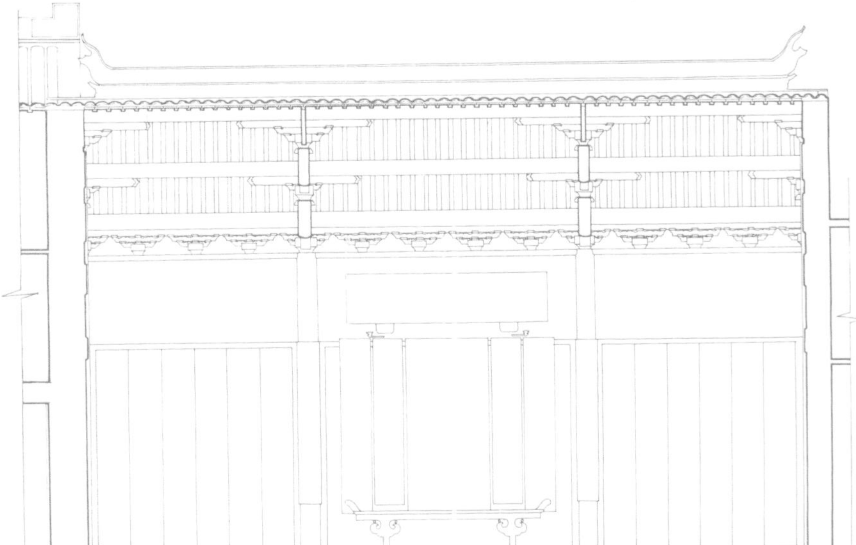

图2-22 正厅横剖面图

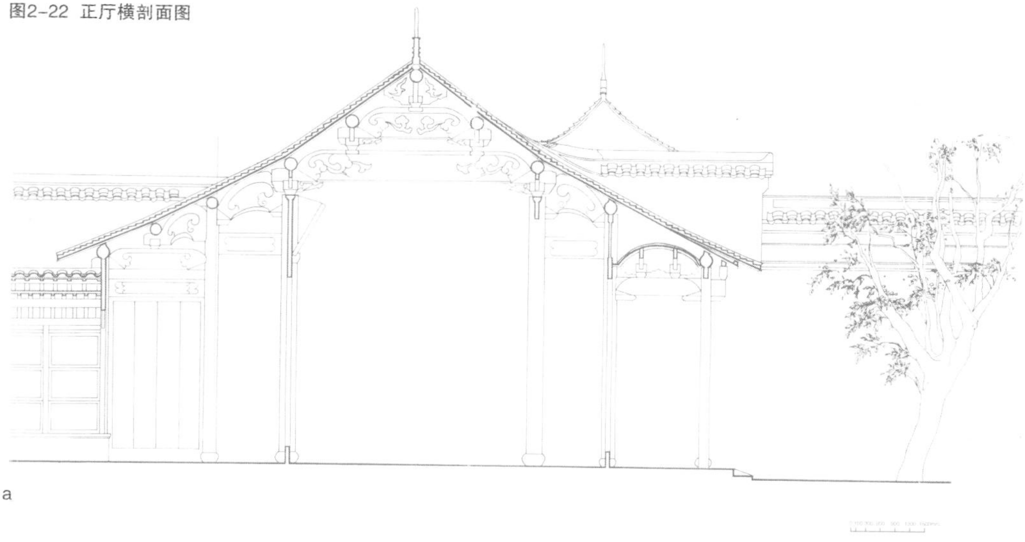

a

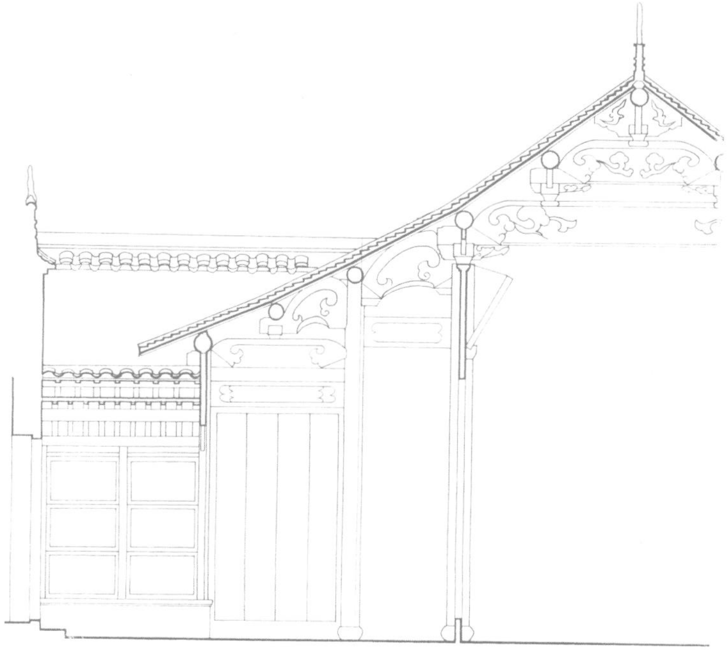

b

图2-23 正厅外门细部图

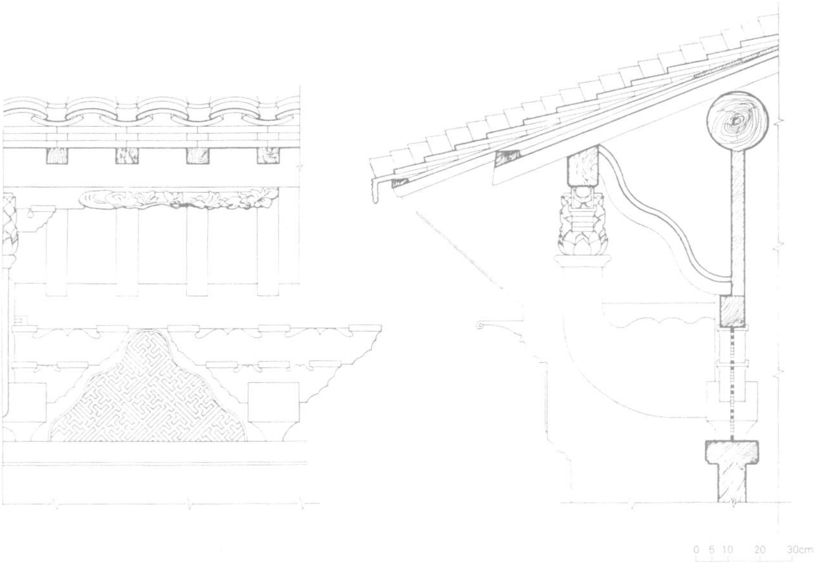


图2-24 大门檐下细部构造图

方悬“春晖堂”匾额，系董其昌手迹。金柱上有同治状元陆润庠的一副楹联：“衔其山川，拾其香草；蒸以灵芝，润以体泉”。东西两壁缀以六幅山水画轴。这些匾联显出儒风习习，风雅备至。整堂家具八仙桌、太师椅、茶几、花几、供桌皆采用上品紫檀精制而成，布置规正，注重礼制，按尊卑、贵贱、主客相应排列。居中供桌，两旁的两把太师椅是为主、客而备，以示尊贵。堂上沿金柱纵向两组几椅，相向而设，将空间功能划出主次，并按左尊右卑，近主为尊，远主为卑的规制，各就其位。《仪礼・士昏礼》中记载的夫妻对座礼，就是以夫坐东面西，妻坐西面东来区分男尊女卑的。由此可见，封建礼法在这亦官亦民的宅第中得到了淋漓尽致的表现。厅堂建筑装饰繁

图2-25 正厅挂落及垂莲柱细部

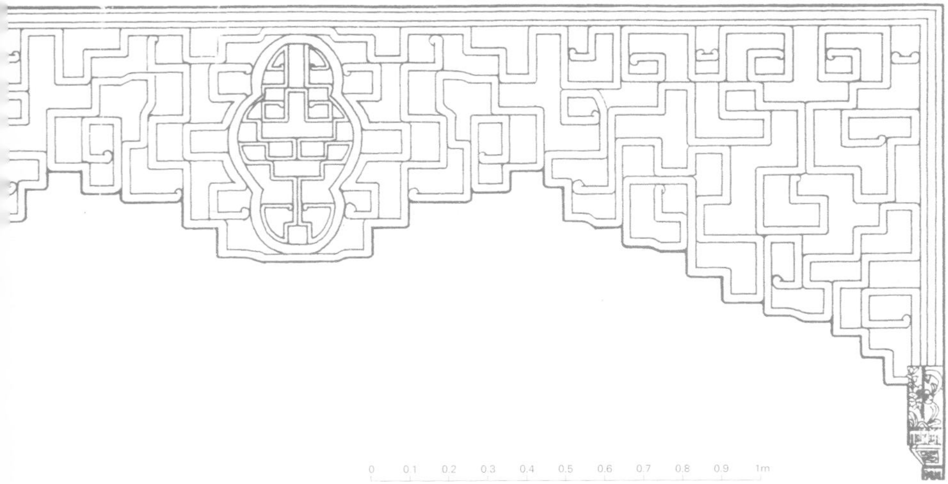
0 0.1 0.2 0.3 0.4 0.5 0.6 0.7 0.8 0.9 1m

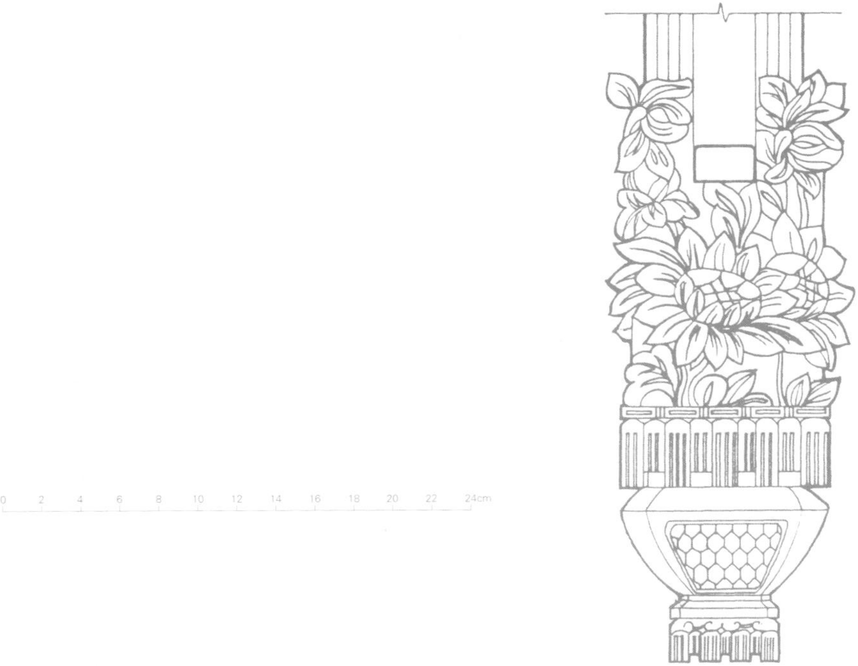
0 2 4 6 8 10 12 14 16 18 20 22 24cm

多，且多有寓意，如隔扇门之夹堂和裙板上刻有蝙蝠、仙鹿、寿字、牡丹花图案，寓意福禄寿富贵。蝙蝠和鱼组成的图案表示福有余，石榴喻子孙满堂，暗八仙寄意长寿；更有形意合用，以蝙蝠、铜钱、鲤鱼组合的图案象征富禄有余。这些装饰，向人们传达了房屋主人祈求合家幸福、人财两旺的美好愿望。

# 三、书香雅趣多

图3-1 书房一角
在民居中，书房不可或缺，琴棋书画、吟诗作对等高雅趣事要以它为载体。而要承担起这些修身养性，怡情悦性的文化活动，书房无论在布局还是室内设计上都有其特殊性。靠墙是一云屏榻，可卧而读之。榻旁一几两椅皆红木制，椅旁一案，案上放笔墨纸砚等文具器物。

中华民族之文化源远流长，自古崇文有加。补白大王郑逸梅说得好："把书视为第二生命，什么都可以抛弃，书却不能一日离我左右。"李渔在《闲情偶寄》中云："读书，最乐之事。"袁枚也曾说，"一日不读书，如作负心事。"琴棋书画，吟诗作对，品茗歌赋向来视为高雅趣事，在士人们的日常生活中占据着相当重要的位置。而要承担起这些修身养性，怡情悦性，标榜风雅的文化活动，必须要因借一个建筑载体，而这个载体则唯书房莫属。因此在居民中，书房这一建筑形式，不仅被视为不可或缺，并往往被赋予特殊的建筑表现手法。莫氏父子从其文化修养来看，皆可称为饱学之士。据《平湖莫氏支谱》

图3-2 书房北厅

窗下置一琴桌，厅内红木八仙桌椅，是文朋诗友、骚人墨客、朋辈知己邀集之所。

**图3-3 书房内丰富的层次**
书房空间按纵深方向，辟为两间，分隔时采用了隔而不断的博古架，空间似断非断，空灵深远。

**图3-4 透过书房门外望庭院**/对面页
书房大多采用门窗、书架等与外部空间相隔，砖墙面不足总墙面的五分之一。门窗的大量使用，使前后两花园的自然光线大量渗透进室内，使空间更加亮堂。同时花园的景色尽收眼底。当日光流转，花园光影色彩富于变化，建筑物内的层次也更丰富。

载，莫放梅："喜读两汉书，学诗于九峰鄂阳山人，……学琴于北溪戈云庄先生，……书法极精，……画兰宗天池，画梅宗寿门，丐者踵门，……尤善篆刻，……岐黄堪舆等书靡不研讨……。"《浙江历代名人录》中亦称其为"近代书画篆刻家"。其子莫文熏亦承父风。有着如此文化背景的莫氏主人，在其书房设计中必然煞费苦心，无论选址、建筑设计及陈设，极力追求其文化的整体完美。

《园冶·书房基》有云："书房立基，立于园林者，无拘内外，择偏僻处，……内构斋馆房屋，借外景，自然幽雅，深得山林之趣。"依照此种制式，书房择位于西轴线，前后各有一个花园。书房空间按纵深方向，辟为两间，采用隔而不断，互相呼应的博古架，空间似断非断，空灵深远。书房大多采用门、窗、书架等与外部空间相隔，砖墙面不足总立面的五分之一，门窗皆采用"卐"字形棂格的八边形。由于门窗面积大，使前后两花园的自然光线大量渗透进室内，空间敞亮，同时花园景色尽收眼底。由于前后花园的日照差异，当日光随时间角度改变时，光线由花园进入室内角度也随之改变，由此产生出丰富而奇妙的光影变化效果，建筑物层次也更丰富。而门窗作为一种借景手段，在此也被运用得美轮美奂。李渔在《闲情偶寄》中说："开窗莫妙于借景。"书房借前园景可春看笋出，秋闻桂香；观拙石以示仁，见幽篁以虚心；清风听竹，雪后寻梅，妙趣横生。借后园景，可仰观石山侵楼，桂枝探窗，黄杨越顶；墙埋笋石峭壁，芭蕉分翠，曲廊隐约，处处有虚邻，方方是侧景，恍入笠翁"无心画"、"尺幅窗"之中。可见通过光线变化和门窗借景手法的运用而造就出的静中生变，虚实相生，以实化虚，以虚破实的意趣，使人、自然、建筑相互沟通和交流。

在书房陈设上，前后两间有着较为明显的区别。靠南一间，是主人挥毫丹青，逍遥独乐的地方。靠墙是一云屏榻，《释名》曰："长

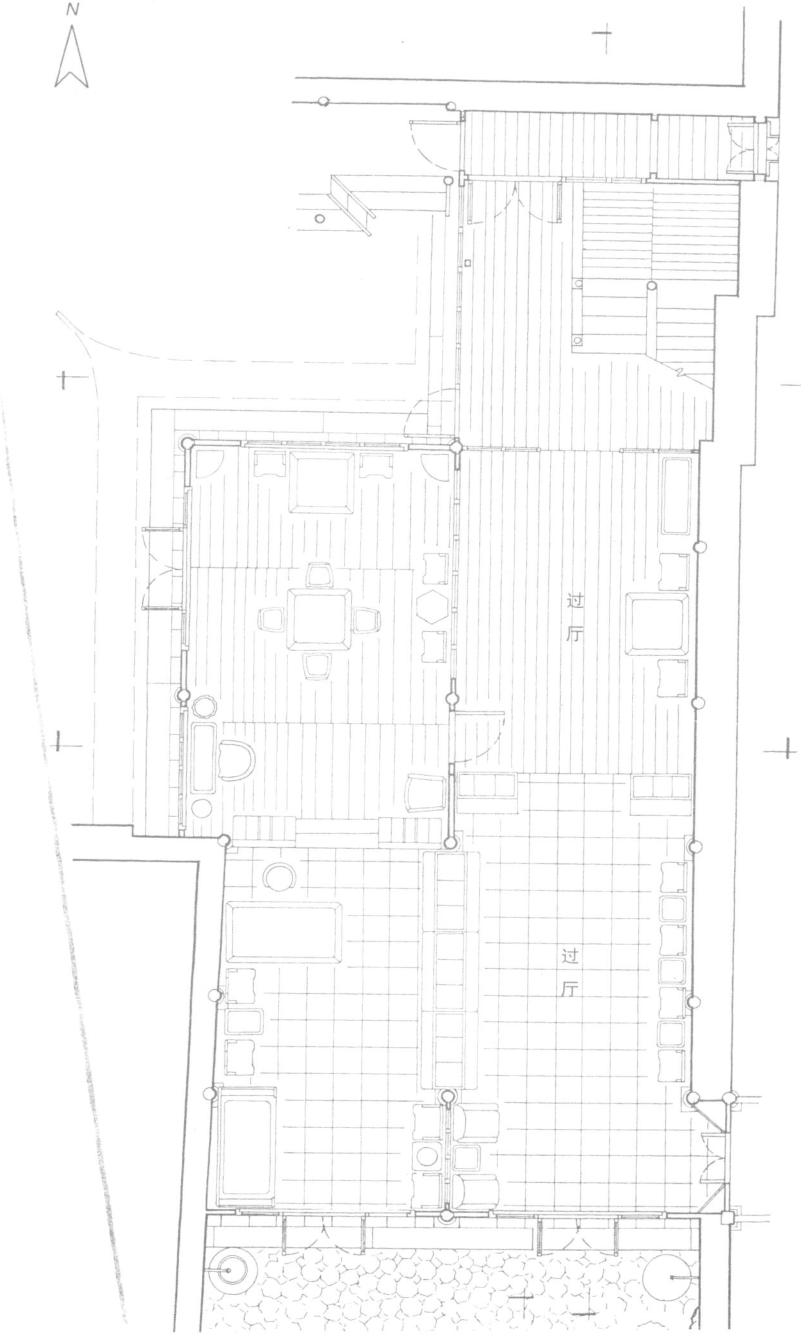


图3-5 书房和过道平面图

狭而卑曰榻，言其榻然近地也。”因榻比床短狭低矮，古人常将其置于书房中，既可作歇息用，又可置书其上，卧而读之，甚是方便。榻旁一几两椅皆红木制，椅旁一案，案上置笔墨纸砚文房四宝，大小笔筒、笔架、笔洗、水盂、古印一应俱全，更有古书碑帖陈列其间，博古架上充斥各式古董，陶瓮、玉件、瓷器、名石错落有致。东边一排书柜，可列图书千卷。闲时坐于案前，极目诗书，堪称人生之一大快事。靠北一间，窗下置一琴桌，内置红木八仙桌椅，是文朋诗友，骚人墨客，朋辈知乙邀集之所，或赋诗其间，或品茗赏景，或弈棋操琴，或言佛谈禅，怡怡然怀古吟志，寄兴养性，情趣盎然。古有夫子曲肱饮水之乐，颜回有陋巷箪瓢之乐，而身居莫氏书房，前可独乐乐之，后可众乐乐之，不亦乐乎?

此外，书房家具门窗多漆为黑色，是造园主巧用五行生克之说。所谓五行者，木、水、土、金、火也。五行相克规律，即金克木，木克土，土克水，水克火，火克金。所以，水被视为火的克星。书房乃藏书之地，最忌火字，而水克火，故古人为图吉利多在书斋名中寄以水字。如徐光启“深柳草堂”、黄庭坚“养浩堂”、徐文长“洒翰斋”，皆莫不如是，更有清所建收藏《四库全书》的皇家藏书楼如“文渊阁”、“文源阁”、“文津阁”、“文溯阁”、“文汇阁”、“文澜阁”都极力仿效此法。莫氏家斋，取名“生香簃”，从名上看似与水无缘，然其另辟蹊径，巧借五行，隐意其中。按五行论，自然界可分别划属五行、

图3–6　书房南庭院平面图

五方、五音、五化、五色等，五色即青、赤、黄、白、黑，而当五行与五色相配时，则以木配青，以火配赤，以土配黄，以金配白，以水配黑。由此可知，黑色象征水，而五行中以水克火，故可最终得出以黑配水之隐喻。一言以蔽之，书房木构门窗、家具多漆以黑色，实为避火。

# 四、花园巧布局

图4–1 书房南庭院布置/前页
南庭院较小，布局较为紧凑，景物的尺度也较小。有一方不大的八角形水池、山石和一弯碧水，其间点缀乔木和灌木，颇有山林洞壑之野趣。在高大封闭的白色围墙衬托下，恰如一幅山水画。





中国传统民居常常附有宅园，居住部分呈对称布局，轴线分明，等级森严，而庭院布局常自由活泼。莫氏庄园的庭园占地不大，但却深得造园之妙，虽没有高丘深壑，古树参天，但也小巧雅致，富于诗情画意。

传统构园有法无式，有一定的法度规律，却没有具体的模式。正所谓“一木一石，总关乎情”，关键在于因借巧用。莫氏庄园的花园可分前后花园两部分，结合书房、廊亭等建筑一起布置，融建筑、山水、树木于一体。前花园，以应合衬托为胜。整个花园，山池玲珑，草木扶疏，贵有木樨，雅有幽篁。湖石、池潭，远近皆景；笋石依墙而立，随势赋形，各得其所。白居易在《太湖石记》中云“石有聚族，太湖为甲，罗浮、天竺之石次焉。”前园选石唯精是用，采用了太湖石。在山石掇形上，巧用野趣，各种兽石趣在以形见神，如石狮回眸，天狗吞日，雄鹰窥池，雄鸡报晓等山石小品，全在似与不似之间。凿地堆石环成一池。朱熹有言：“问渠哪得清如许，为有源头活水来”，江南水网地带，河系纵横交叉，地表水源丰富，故该池妙造自然，巧借水源，引园外甘河之地表水入园，只可惜近来水道淤塞，复变死水一潭。池旁一隅有幽

图4–2 书房北庭院/对面页
北庭院较大，树木掩映。墙埋笋石峭壁，芭蕉分翠，曲廊隐约。

图4-3 北庭院中假山
北庭院中有假山多种，或可攀登，或可独赏；其姿态多变，气象万千。

图4-4 北庭院中八角亭
/对面页
八角亭位于正厅至后楼连廊之转折点，高两层，底层空透，围以美人靠坐栏。二层柱间皆安有玻璃。其丰富的轮廓线，与树木山石一起构成了轻松活泼的庭院气氛。

篁一丛，缘境临水，恰到好处。白居易有诗："水能性淡为吾友，竹解虚心即我师。"故竹向被视为虚心、正直和清高。梅兰竹菊四君子，竹占其一，松竹梅岁寒三友，又占其一，古往今来，爱竹者众。园中植竹向被视为雅事，观各地名园，几乎无竹不成园。在空间处理上，虚实相因。或以花木荫蔽使景物间产生距离，若隐若现，层出不穷，以虚化实；或以微波涟漪、浮萍青苔化实为虚。或以几枝竹影幽远空灵以虚破实；或以笋石罗列壁前，粉墙作纸，石峰为画，使空间界限模糊，以实破虚。鸟语、落英、蝶舞、蜂飞，都使这围墙内的封闭空间变得虚幻空灵，于有限中观得无限世界。

后花园坐落在书房后侧，与曲廊（“清风明月之廊”）相傍。园中置一石山，将园一隔为二，山中植一桂树，又一黄杨，环壁再一黄杨，并间以蜡梅、芭蕉等，依墙峰石林立，较之前园，空间更为深远。整个院落的空间为南北向，长宽比为3：1有余。要想在如此狭长方形空间中营造出一种神形俱备的立体效果，谈何容易。《园冶·题词》云：“所谓地与人俱有异宜，善于用因。”而后园在其空间布局上所反映出来的真知灼见，即使在今天，仍不失为用“因”之典范。首先，造园者在整个花园东侧的中间位置，因地制宜，向东凸出了一个空档，将狭长形呆板的空间鬼斧神工地变通为一个“凸”形空间，然后，因势利导，沿此转

图4-5 北庭院中檐角

图4-6 北庭院回望书房

/对面页

折，下置曲廊，上筑走马廊。陈从周先生曾说过："景有情则显，情之源来于人，'芳草有情，斜阳无语，雁横南浦，人倚西楼'，无楼便无人，无人即无情，无情亦无景，此景关键在楼。"此楼因借两用，巧妙之极在这转折中间横空叠一石山，此山以瘦、漏、透、皱俱全的太湖石堆叠而成。据清康熙《嘉兴县志》记载："旧以高架叠掇为工，不喜见土"，可见嘉兴一带早在清初就推崇石山了。石山将空间隔出，先抑后扬，欲露先藏，巧用障景，使游者不能一目了然。仰观石山，古树、黄杨间桂子飘香，古藤薜荔攀缘其上，檐角楼台隐约其间，观之概然。

再看花园铺地，也饶有趣味，先用条砖砌成六边形轮廓，将砾石、紫缸片分别充斥其中，形成反差明显的图案，然后相互间隔，错列而置，组成紫白相间、明暗相隔的立体效果。至此，原本一个乏味的空间，经过因地制宜、因势利导的再造，已变得妙趣横生了。

古人建园常以题名来寄托情意。入得后花园，抬头便是两方阳文砖刻匾："拈花"、"度月"，超然脱俗，令人浮想联翩。"如来拈花，迦叶微笑，师徒会心，灵犀一点。"传说，世尊如来当年在灵山会上，拈一枝金婆罗花以示众人，众皆不会其意，唯迦叶破颜笑之，于是如来说："吾有正法眼藏，涅槃妙心，实相无相，微妙法门，不立文字，教外别传，付嘱摩诃迦叶。"迦叶便成了禅宗首祖。故"拈花"、"度月"实为点景，点出了后花

图4–7 去北庭院小门

门窄小仅容一人，穿越将军亭边之小廊可到。门上“琴韵”二字套以蓝色，加上蓝色镶边，幽静情调与前面顿异，透过小门可见美人靠和美人蕉。

园“顿悟成佛”的禅趣。李清照有诗“暗淡轻黄体性柔，情疏迹远只香留；何须浅碧轻红色，自是花中第一流”来描写桂花。王维有诗“明月松间照，清泉石上流”；苏东坡有言“江山风月，本无常主，闲者便是主人”，这些似乎是又一种“拈花”、“度月”。观山石“悠悠乎与颢气俱，余而莫得其涯；洋洋乎与造物者游，而不知其所穷”。小小的庭园达到了以小见大、天人合一的境界。

# 五、居室风俗情

图5-1 二房卧室内床及梳妆台/前页
依北壁东西向置缠枝透雕红木大床，结构繁复，曲折多变；雕工细腻，具有明显的清式家具繁琐的特点。

建筑是时代的反映。同样，为人而用的居室陈设亦是社会历史的缩影。不同的民族、不同的年代、不同的社会地位和生活水平都可以通过居室中的家具、摆设而得以充分再现。莫家庄园至今虽只有百年，但这百年正是中国经历巨变的时代，由于其建筑是在短时间内一次建成的，故其清晚期的风格是统一完整的，但居室陈设却明显地反映了从清末至民初的不同风格特征，而且还体现莫氏子弟的不同生活趣味和生活状态。李渔在《闲情偶寄》中云："人生百年，所历之时，日居其半，夜居其半。日间所居之地，或堂或庑，或舟或车，总无一定之在，而夜间所处则只有一床。是床也者，乃我半生相共之物，较之结发糟糠，犹与先后者也。人之待物，其最厚者，当莫过此。"故莫氏在其卧室布置上，无论是以豪华取胜的二房卧室，还是以精巧见长的三房孙子卧室，或是新潮简练的四房卧室，质朴自然的大房、三房卧室，其陈设风格虽然不同，但都



图5-2 二房卧室内几案及卧榻
临南窗置一书案，一转椅，案上文房四宝俱备，案后西墙靠壁置一大理石五屏美人榻。此榻端头围子上装有可转动的藤枕，可作小卧憩息之用。

图5-3 二房卧室北间麻将桌

北间套房与卧室仅一屏板相隔，内设衣柜、五斗橱，描金箱等。西窗下，一琴桌，上置瓷瓶古董，沿北窗一排几椅，几上茗碗瓶花俱备。房间中央置一麻将桌，可供家人玩乐。

图5-4 四房卧室内床及梳妆台
四房卧室风格简练，与二房形成强烈反差。一张大理石嵌屏铜床，少雕饰。床边梳妆台也以大理石为面。

有一个共同的特点，即彰显床的表现形式。或红木大床，或别致铜床，并以此突出卧室的主题。然后再根据各房主人不同的爱好，相应布置其他家具。

二房卧室，临南窗置一书案，一转椅，案上文房四宝俱备，案后西墙靠壁置一大理石五屏美人榻，此榻端头围子上装有可转动的藤枕，可作小卧憩息之用。壁上一对挂屏："金屋春浓花馥郁，琼楼夜永月团圆"，星夜倚窗望月，院中花枝探窗，暗香浮动，情景交融，回味字里行间，平添许多趣味。正是："一榻梦生琴上月，百花香入案头诗。"依北壁东西向置缠枝透雕红木大床，结构繁复，曲折多变，雕工细腻圆润，明显透露出清式家具繁琐的特色。大床中间摆有整套紫檀木鸦片大烟具，床尾树一落地衣架，床前一矮矩，柜旁置三镜式梳妆台，其两侧镜架上装有铜制合页，可旋转镜架以增加被照面，台上摆放着一架粉

图5-5 四房卧室内桌案及衣柜/上图

南窗下置大理石桌面写字台，靠东墙一方桌，也以大理石为面。衣柜线条流畅，多镜面，少雕饰。

图5-6 三房孙子卧室内床及梳妆台/下图

风格介于二房与四房之间，红木大床，雕刻整体感强，不太强调细节，梳妆台及大衣柜也是红木制作，但线条及雕刻比二房大为简洁，镜子也用得更多。

彩西洋钟。与梳妆台并排而设的还有一只双开门四屉大衣橱，宽2米有余，上刻各式装饰花纹，卧室居中还摆有一圆桌，四圆凳。北间套房与卧室仅一屏板相隔，内设衣柜、五斗橱，描金箱等。西窗下，一琴桌，上置瓷瓶古董，沿北窗一排几椅，几上茗碗瓶花俱备，中间一张麻将桌，可供家人玩乐。室内所有家具皆以红木精制而成，朱漆的门、窗、柱子与暖色调的红木家具相配，相得益彰，既柔和温馨又富丽堂皇。

与二房卧室的豪华气派形成强烈反差的是四房卧室的简练，一张大理石嵌屏铜床，依古制，避门向，沿北墙东西向而设。床边梳妆台与众不同，以大理石为面，其右置一衣橱，南窗下置大理石桌面写字台，靠东墙一方桌，亦为大理石桌面。整套家具以灰色大理石为视觉要素，贯穿布置形式之始终，突出了整体形象的连贯性。新潮的西式铜床与别致的大理石面相互应和，色彩清新和谐，风格浑然一体。值得注意的是三房孙子卧室家具布置，风格介于二房与四房家具布置之间。同样是红木大床，

图5-7 三房孙子卧室内休息座/对面页
房内没有了卧榻和笨重的大书桌，取而代之是简洁的桌椅。桌子不大，椅子小巧。墙上少了对联，代之以近代洋风的仕女图。

但雕刻整体性强，不太强调细节，梳妆台及大衣柜亦是红木制作，但线条及雕刻同样比二房大为简洁，镜子用得更多。室内由于家具线条简洁也比二房明亮得多。墙上少了对联，取而代之以更近代的洋风仕女图，其他椅子、几案、桌子莫不如此。其总体风格较为统一，现代感明显逊于四房的铜床、大理石桌椅。正是这些差别，记录下了民间生活习俗的变化，值得研究。

# 六、祭祖与拜佛

图6-1 祠堂内一角
一般布衣百姓家中不可建祠堂，只能合族建一个祠堂进行村祭或族祭，而拥有官品的家族可以建祠堂，莫氏祠堂即如此。祠堂为单开间，内置几椅，搁几前置一供桌，桌上摆有烛台、香炉等，墙上挂有神龛牌位，充分体现了对祖先的缅怀。

在封建宗法制度的影响下，数典忘祖被视为大逆不道，出人头地则被视为光耀祖宗。因此，祭拜祖先就成为相当普遍的一种民间活动，而祠堂则为这种活动提供了一个专门的场所。按封建社会的礼制，一般百姓家中不可立祠堂，只能合族建一个祠堂，进行村祭或族祭，而拥有官品的家族方可立家祠，如莫氏祠堂。莫氏家祠，建于左轴线上第二进，符合“左祖右社”的礼制规范，祠堂为单开间，内置几椅，长条几前置一供桌，桌上摆有烛台、香炉等，墙上挂着用上等木料精雕而成的幔帐式神龛，内供“诰授朝议大夫莫公琴楼之灵位”、“诰授莫门李氏夫人之灵位”等莫氏列祖列宗之牌位。每逢祖先生辰、忌日、清明节，农历七月十五中元节（当地俗称“鬼节”）、十月朔日（当地俗称“十月朝”）等，莫家都得在祠堂祭拜祖先，祭前须净衣、净堂，祭拜时点烛、奉香、供果菜、敬酒、焚化纸钱、燃放鞭炮、读祭文，并按辈分长幼有

图6-2 牌位细部

神龛牌位为上等木料精雕而成，内供“诰授朝议大夫莫公琴楼之灵位”、“诰授莫门李氏夫人之灵位”等莫氏列祖列宗的牌位。

序、男女有别依次排列行一跪三叩礼，以寄托对祖先的缅怀和追思。若逢年过节、婚生寿喜日也得入祠祭拜祖先，以感恩祖灵之保佑。

既然祭祖有祠堂，那么诵经当然不可无佛堂了。莫氏佛堂设在左轴线花厅后侧，是笃信佛教的莫放梅之大公子莫孟韬诵经修身的地方。《平湖莫氏支谱》载："孟韬讳文堪，字逸庵，自号如如居士，……年逾艾服，世乱更剧，人情日偷薄，于是遁入三摩提皈依谛闲法师于宁波观宗寺，受别印光法师于海上南园，以居士身受菩萨戒，入佛教会，……衲衣蔬食，依戒律甚严，虽禅和子莫逮焉。"按佛规，莫孟韬于观宗寺举行入教仪式后，表示对佛法僧三宝皈依，并受五戒约束，即"不杀生，不偷盗，不邪淫，不妄语，不饮酒"，成为正式在家佛门弟子，从此便以居士自称，闭门诵经，每日早晚课诵，参禅念佛，以求超脱。正是"纱笼灯下道场前，白时持斋夜坐禅"（白居易《斋戒满夜戏招梦得》）。如今在佛堂中还陈列着当年莫居士诵经时所用的木鱼。木鱼旁还陈列着银制烛台、佛像、香炉、经书及念珠等。不同的是莫居士所用的佛珠不是通常所用的大十八颗、二十七颗或五十四

图6-3 诵经拜佛小室/对面页

莫氏佛堂设在左轴线花厅后侧，是莫大公子莫孟韬诵经修身的地方。如今佛堂中陈列着当年莫居士诵经时的木鱼。木鱼旁还陈列着银制烛台、佛像、香炉、经书及念珠等。

白蓮臺上現慈航
紫竹林中

颗，而是由三圈组成，第一圈为大菩提子一百零八颗，第二圈一百零八颗菩提子略小，第三圈是一米粒大小的微型菩提子十八颗，三圈依次由大到小串结而成。传说108颗念珠可分别对付尘世上的一百零八种烦恼；又传108数暗示十二个月，二十四节气，七十二候，一年之天象；同样，18数亦暗示五日、三候、六气、四时，一岁之数。《素问·六节藏象论》云："五日为之候，三候为之气，六气谓之时，四时谓之岁。"所谓108、18两数皆象征菩萨神灵保佑，岁岁平安。

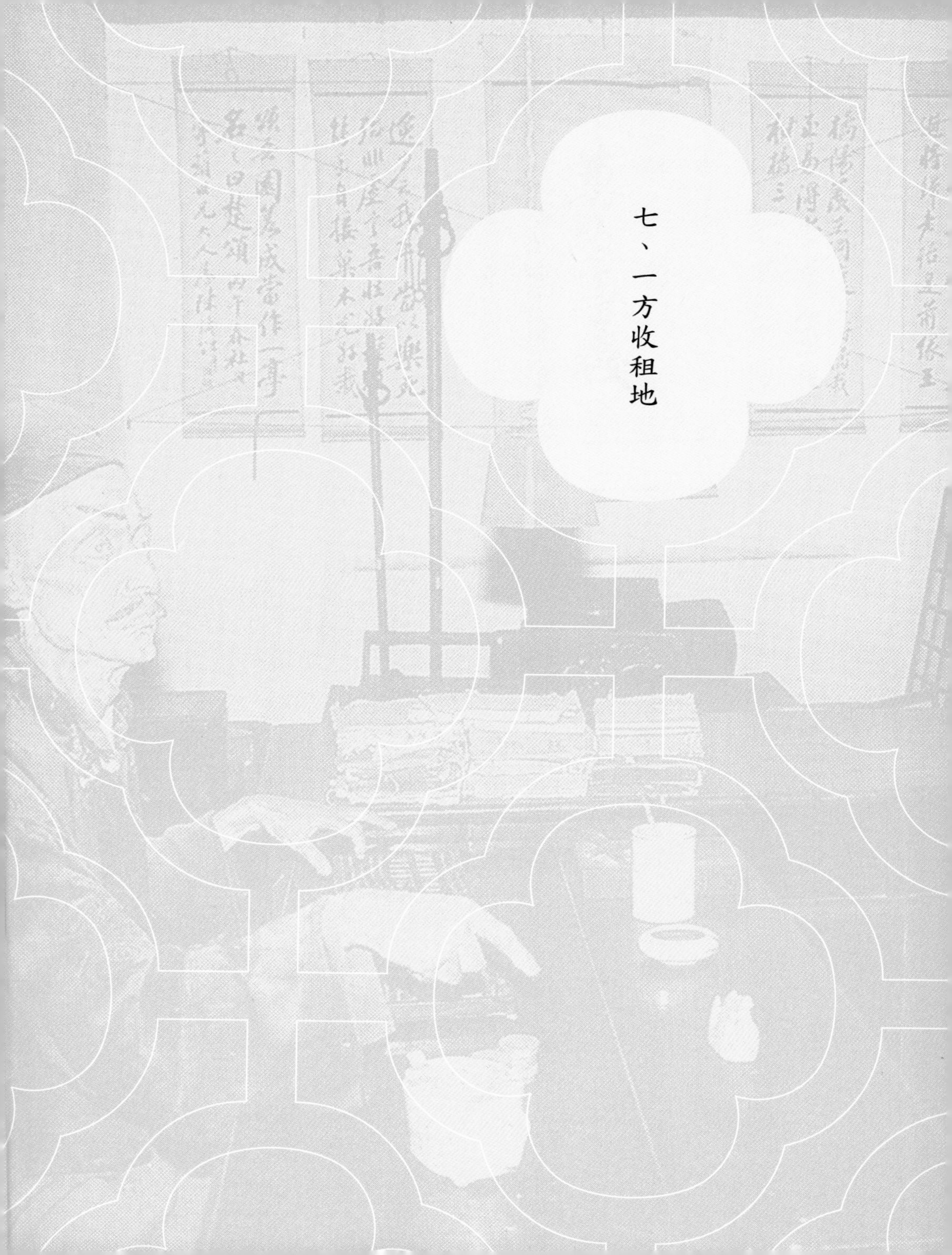

# 七、一方收租地

图7-1 账房内景一角
账房位于庄园左轴线上，分为两开间。此为外间，摆着方桌、几椅等，靠墙两只账台，面西而设，台上摆着一把大算盘、一些账册和笔墨纸砚，靠南墙置一秤架，上插各式大小不一的杆秤，旁边还放着量米用的大斗、小斗及两只斛。

莫氏家族自六世传人莫琴楼木业起家后，家产日富。而封建社会自给自足的自然经济及"开店钱六十年、庄户钱万万年"等重农轻商的传统观念，促使其改变了投资方向，开始广置田产。莫放梅亦承其父志，于光绪五年（1879年）后，相继在平湖当地、金山、嘉善、杭州等地购得良田6100余亩，遂以田业为主，出租土地，成了远近闻名的大地主。按《平湖县志》载："民国25年，上等田每亩米租 9至12斗，中等田7至9斗，下等田4至7斗，……平均每亩起租一石。"由此可见，莫氏每年收租米数额相当可观。除此之外，莫氏还兴办多种产业，在福州、乍浦，上海分别开设了成泰、天泰等三家木行以及钱庄、布店、米行、养禽场、茧厂、小型发电厂等。因此，反映在宅第建筑中，使得莫氏庄园与一般居民相比，除了在规模上表现为格外庞大外，在居室功能上也有一个明显的不同之处，就是专门设立了一个对莫氏整个家族经济活动进行财务管理的空间场所——账房间。

图7-2 账房平面图

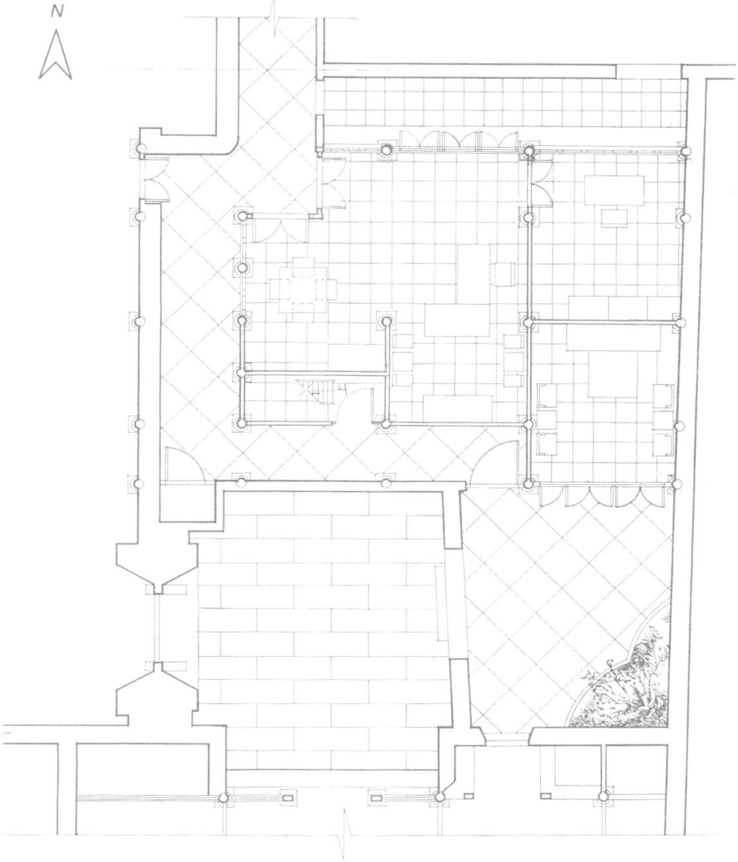


账房间，坐落在庄园建筑的左轴线上，与东花厅前后仅隔一高墙。且紧挨着避弄，是沿避弄而入的第一进建筑。如此布局，看似简单，其实却不乏匠心。其一，将账房作为进入避弄后的首进建筑，可避免因事出入于账房的旁杂人等混杂于内院，既方便了出入，又保持了封建礼制的秩序性。其二，账房与花厅之间的这堵墙，用得恰到好处，因理财而发出的声响，经此墙一隔，则化为乌有。而墙上几何形的漏窗，既使墙隔而不断，又使得庭院中的桂枝、蜡梅隐约其间，墙里开花墙外俏，使原来单调的空间，变得轻松活泼了许多。

整幢账房为二开间。里间，靠墙摆放着一排账柜，门旁一只铸铁保险箱，从门上依稀可见的字迹来看，当属英国货。外面一间则摆着方桌、几椅等，靠墙两只账台，面西而设，台上摆着一把二十三档的大算盘及一些账册和笔墨纸砚，靠南墙置一秤架，上插各式大小不一的杆秤，堪称秤中之王，旁边还放着量米用的大斗、小斗及两只斛。据《说文解字》注："斛，十斗也。"古代十斗为斛，南宋末年改五斗为斛，一斗为十五斤，故一斛为七十五斤。从外形看这两只截顶方锥形的斛大小没有什么不同，但仔细量一下，我们就会发现其中一只斛较另一只口径和高度皆大了两厘米。再计算一下，其差别相当两升有余，一进一出，斛中奥秘不言而喻。1942年，莫氏联合当地五十二户地主成立了平湖联合租栈，并在乍浦、新埭、新仓、城区设立了四个分栈，而城区分栈当年就设在莫氏账房内，名曰："莫政善栈"。正是在这"善"字后面，莫氏以其荷重的定租制、预租制、借米交租定息制、霜降加租制等多种地租形式，写下了一部封建地主的剥削史。其保留至今的账房正是这部历史的真实体现。

# 八、东花厅

图8-1 花厅前庭
花厅南向庭院宽敞，地面用碎石和砖片拼成六角形图案，沿南墙叠假山，栽花木，点缀秀逸，与账房之间的墙上开景窗，通避弄开圆洞门，整个前庭雅致而活泼。

评弹《林子文》中有一回叫《花厅评理》的关子书，说的是绍兴师爷“先礼后兵”，口诛舌战恶少兵部公子的故事。这里值得注意的是，评理在花厅，而不在正厅，说明花厅有其独特的使用功能。在中国民居建筑中，花厅是不可或缺的单体建筑。

莫氏庄园建有一座面积百余平方米的花厅。因位于中轴线东侧，俗称东花厅。其规模略小于正厅，结构精巧，形式美观，装饰华丽，陈设讲究。花厅原是莫家主子操琴弈棋，修身养性，或邀集挚友，品茗赏景，谈天说地之处。花厅面宽三间，进深六架。内檐轩式卷棚，色彩对比鲜艳。朝南明间开敞落地圆门，六角花格拼接，工艺精细。次间六扇半窗，东西对称，采光充足，窗前置金砖盖面的黑漆方桌，左右各一。朝北三间共有十二扇落地长窗，上部是五彩玻璃窗格，下部是雕花的夹堂和裙板。明间向北突出，成“凸”字形，相差

图8-2 花厅立面局部

花厅面宽三间，进深六架。朝南明间开敞落地圆门，六角形花格拼接，工艺甚为精细。次间六扇半窗，东西对称。

事過始知天有權
家居宜以古為鑑

图8-3 花厅内景/前页
花厅为主人操琴弈棋，谈天说地之处。厅内全是红木制成的八仙桌、圆凳、太师椅和茶几，对称排列。朝北明间突出，正中安放红木束腰七屏云石罗汉榻，上方悬挂精细的挂落，正中一匾额，上书“左香”二字。





2米许。居中放天然几，上摆红木云石插屏、古瓷花瓶和盒式闹钟；其前安放红木束腰七屏云石罗汉榻，供燕卧睡眠之需，榻上还可放炕桌；其上方柱间的枋下装有精细的挂落。额枋正中挂着一块雕匾额，其上“左香”两字系书法家陈橘所书，字迹遒劲有力；两旁方柱上挂着清诗人、书法家何绍基写的隶书对联“事过始知天有权，家居亦以左为鉴”，木刻黄底绿字。厅内全是红木制作的八仙桌、圆凳、太师椅和茶几，对称摆设。椅背嵌有方形、圆形、瓶形、扇形云石，使坐具更显尊贵，与其他家具相配成套，一色褐红，煞是可观。中央放着做工考究的红木圆桌，其上有一只金丝镶嵌的建漆九子果盘。圆桌上方悬着一盏铜质四角吊灯。一对等身红木镜子屏风，分立金柱前，供宾客“以镜为鉴，正其衣冠”。两边白墙上挂

图8-4 花厅内轩及灯
花厅规模不大，结构精巧，装饰华丽。内轩使顶棚富于变化，灯笼更增添了亮丽的对比色。

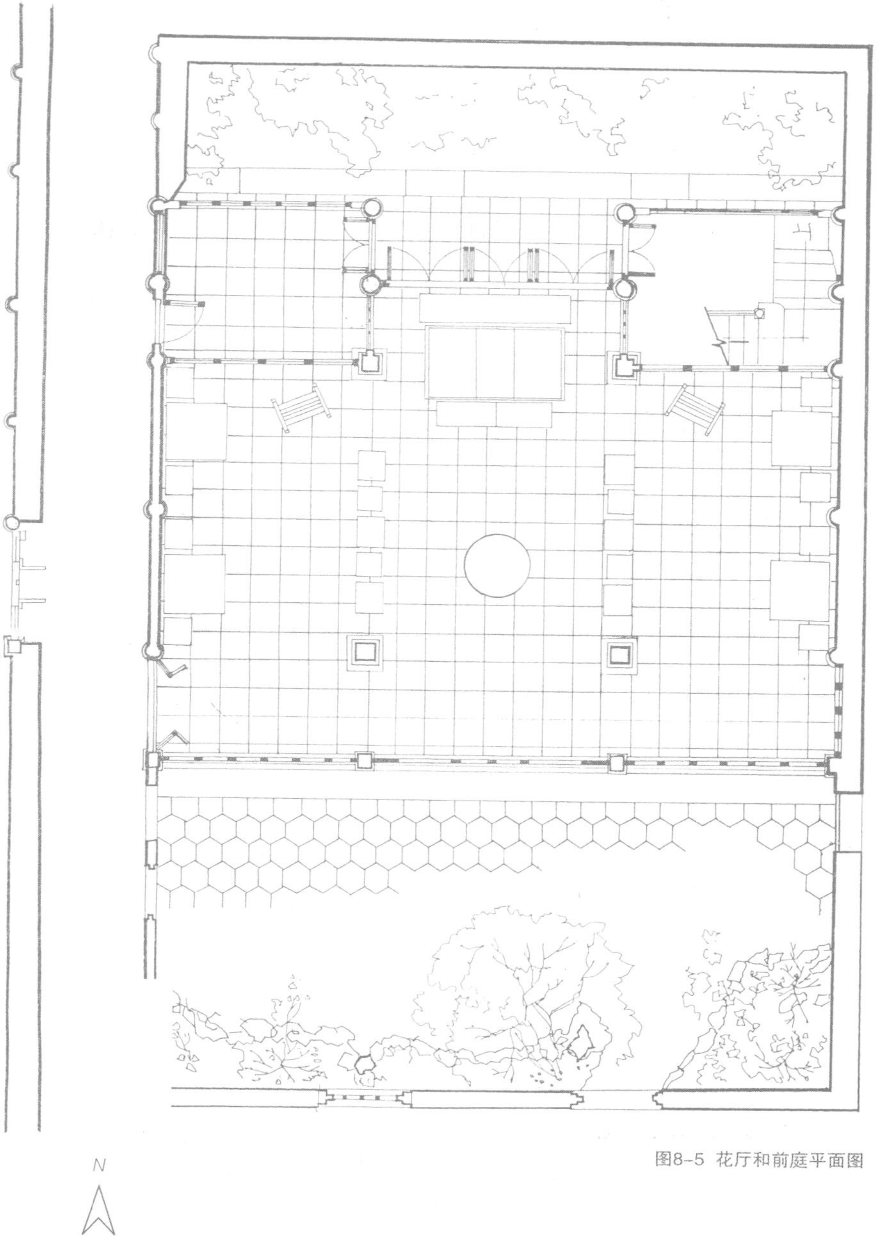


图8-5  花厅和前庭平面图

着名人字画，顿生许多文风雅趣。花厅上面有楼屋作卧房，故其空间远远不如正厅之高敞，加上开间尺度、梁架甚至桌椅几案都按比例缩小，门窗装饰繁多细腻、富人情味也与正厅形成对比，使建筑与其使用功能相适合。

花厅北窗外，留出狭长形的天井，日光透窗而入，带来一片明亮。南向庭院宽敞，地面用碎石和砖片拼成六角形图案，沿南墙叠假山，栽花木，点缀秀逸，与账房之间的墙上开景窗，通避弄开成圆洞门，雅致的前庭给花厅带来了轻松活泼的气氛，与花厅的门窗结合在一起，构成了花厅特有的性格。

# 九、后人情迷

据丙辰（1916年）十一月莫氏分家《合同拨据》所述："鸣喜圩住屋一所，计墙门埭五幢，轿厅三间，账房三幢，大厅三间，东花厅三幢、西书房两幢、东首旧屋三幢，堂楼堂七幢，西首两幢，灶厅两间，后披屋连坑厕七间，东首空地三分五厘。"当时没有被"按股均派"，而"统作公用"，因此庄园建筑和1925年造的"东三楼"都维持原状，一直完整地保留到1963年建置陈列馆之时。在20世纪60年代中期至70年代后期，为了建造史料展览室，先后拆去了"东首旧屋三幢"和"后披屋连坑厕七间"，实为不可弥补的损失。1991年底至1992年初，根据一百年前的庄园设计草图，在"东三楼"南恢复了"婴山小园"。同时，还复原了堂楼厅底层的卧房陈设和"云浦草堂"。自建馆30多年来，对庄园的修缮保养、白蚁防治和杜绝火患等方面一直较为重视。每隔两至三年，对庄园进行一次全面的维修，使之永保全貌。保护的结果引来了大批的旅游者或历史研究者。通过利用厅堂建筑博物馆式的陈列，并辅以文字、音像等资料，收到很好的效果。每年观众达5万人次左右，其中40%是青少年学生，被称为社会第二课堂。有许多中外人士参观后写下许多留言，其中，著名古建筑学家陈从周教授说："平湖莫氏庄园具有江南民居特色，小巧玲珑，布局紧凑。"朱锡金教授写道："完整建筑，实物家具，文房四宝，文史资料，代表一个时代的建筑艺术风格，代表一代能工巧匠的水平。能追溯历史，了解内涵，在全国为数也并不多。"日本关西大学文学博士，东西学术研究所所长大庭修则留言道："平湖莫氏庄园建筑实物家具保存这么好，精品又这么多，这在民间确实很少，珍贵！珍贵！"三位台胞董祖权、王滨、陈碧潭留言："该建筑物保存良好，可透视到中国政府对民族风格古建筑保护的用心，是我中华民族之幸！"一位日本企业家本田和男说："原物包含着中国的文化，对于历史的重大意义，深深感动。"更多的国内参观者看到了庄园的教育意义，平湖海棠小学夏令营老师说："在莫氏庄园上了生动一课，使孩子们铭记过去的历史，倍惜今天之幸福，为明天而勤奋学习。"这些留言反映了人们的心声，反映了对莫氏庄园保护及利用的认同。作为用金钱、智慧和血汗凝成的这座庄园，在经历了百年沧桑后，庄园带给后人的是它丰富的历史内涵和中国源远流长的建筑文化知识。

# 十、影视乐园

除了陈列开放之外，莫氏庄园还有一个独特的文化功能。这就是她已逐步成了全国闻名的影视片“天然摄影棚”。

1981年7月间，浙江电影制片厂美工师骆德灏为了寻找一处适合越剧故事片《花烛泪》的拍摄场景，跑了浙江不少地方，都失望而归。正当一筹莫展之时，经人推荐莫氏庄园，看后不禁欢呼“踏破铁鞋无觅处，得来全不费功夫”。两位女导演看到门联“积善之家必有余庆，博施济众定裕后昆”后高兴地说：“这正是剧中‘百里方圆有善事’的黄婆家的最佳实景。”

自此以后，莫氏庄园接待了许多电影摄制组在园内拍片，如：《琵琶魂》、《少林小子》、《辫子神功》等。自1981年至1996年，已有67个海内外影视摄制组来此。在这座大宅里演绎了不少历史故事和文学作品，使广大观众从银幕和荧屏上看到了白玉凤、济公、李商隐、胡雪岩、张玉良、李笠翁、徐悲鸿、茅以升、秋瑾、丁日昌、陈三两、高觉新等众多近、现代名人的艺术形象，以及一幅幅生动的建筑和园林的画面。如，电视剧《红楼梦》中甄士隐和封民在葫芦庙火烧后到娘家投亲的一场戏是在东花厅拍摄的。电影《销魂刀》中“知县遇刺”的惊险戏，是在将军亭内女厅拍摄的。电影《画魂》张玉良和潘赞化“定亲”那场感情戏，在西书房楼上卧室里拍摄是再恰当不过了。电视剧《大屋的丫环们》几乎采用了庄园的全部场景，塞门上砖雕门罩还做了该剧片头的图像，可以说莫氏庄园成了浙南永嘉县“大屋”原型的“替身”。《琵琶魂》在春晖堂拍过丧事，《花烛泪》则用此厅办过喜事。黄梅戏《家》的小寿堂和丧堂都在正厅拍摄。导演们颇有感触地说：“春晖堂在端庄中见精致，凝重中有变化，对联、字画、匾额、家具等，无不散发出一股浓郁的中国传统文化的韵味。”多年来，影视工作者们把莫氏庄园看成塑造人物的“典型环境”。

目下，“庄园景色好，影视拍摄忙”已成了平湖人的一句口头禅，也成了平湖的一大文化热点。

# 大事年表

| 朝代 | 年号 | 公元纪年 | 大事记 |
| --- | --- | --- | --- |
| 清 | 光绪十六年 | 1890年 | 莫放梅购进八户民房地产。时过七年，遵父遗命建新居，三年而成 |
| 清 | 光绪十八年 | 1902年 | 莫放梅捐官“江苏候补直隶州知州三品衔”，成为势财兼备的显赫门第 |
| 中华民国 | 7年 | 1916年 | 莫放梅病故后一年，莫葛氏主持四房儿子分家，庄园统作公用，不予分割 |
| 中华民国 | 15年 | 1926年 | 四房莫季萍在庄园东首空地建住宅三幢，即现在的“东三楼” |
| 中华民国 | 18年 | 1929年 | 在正厅曾办过“励志社”、“诗钟会”，政府要员、骚人墨客为座上宾 |
| 中华民国 | 抗日战争时期 | 1931—1945年 | 在花厅开过“横山洋行”，日本商人出入其间 |
| 中华人民共和国 | | 1950年代 | 庄园为驻平湖部队机关所用，得到了较好的保护 |
| 中华人民共和国 | | 1963年7月 | 建立了平湖县地主庄园陈列馆 |
| 中华人民共和国 | | 1966—1976年 | “文化大革命”期间关闭 |
| 中华人民共和国 | | 1976—1978年 | 1976年恢复，1978年更名为地主庄园展览馆 |
| 中华人民共和国 | | 1985年 | 改名为莫氏庄园陈列馆 |
| 中华人民共和国 | | 1989年12月12日 | 浙江省人民政府批准莫氏庄园为省级重点文物保护单位 |

图书在版编目（CIP）数据

平湖莫氏庄园 / 宣建华等撰文 / 宣建华摄影. —北京：中国建筑工业出版社，2014.10
（中国精致建筑100）
ISBN 978-7-112-17019-7

Ⅰ. ①平… Ⅱ. ①宣… ②宣… Ⅲ. ①民居–建筑艺术–平湖市–图集 Ⅳ. ① TU241.5-64

中国版本图书馆CIP 数据核字（2014）第140645号



责任编辑：董苏华 张惠珍 孙立波
技术编辑：李建云 赵子宽
图片编辑：张振光
美术编辑：赵 清 康 羽
书籍设计：瀚清堂·赵 清 周伟伟 康 羽
责任校对：张慧丽 陈晶晶 关 健
图文统筹：廖晓明 孙 梅 骆毓华
责任印制：郭希增 臧红心
材料统筹：方承艺

中国精致建筑100

**平湖莫氏庄园**

宣建华 谢炳华 王维军 撰文 / 宣建华 摄影

中国建筑工业出版社出版、发行（北京西郊百万庄）
各地新华书店、建筑书店经销
南京瀚清堂设计有限公司制版
北京顺诚彩色印刷有限公司印刷

开本：889×710 毫米 1/32 印张：3 插页：1 字数：125 千字
2016年3月第一版 2016年3月第一次印刷
定价：**48.00**元
ISBN 978-7-112-17019-7
（24396）